www.ingramcontent.com/pod-product-compliance
Lightning Source LLC
Chambersburg PA
CBHW081004170526
45158CB00010B/2900